房间里的
菜园

[日] 吉度日央里 著

钱海澎 译

龍門書局

野菜

立即行动！
在室内种菜

不需要院子和阳台，只要有一颗勇于挑战的心就可以开始啦！

尝试栽种小西红柿！

栽苗
将种苗种植到花盆中，就完全变成了家养植物。

结出青色的果实
就像两个并肩成长的兄弟，很可爱！

上色
有一颗果实变红啦！太感动啦！

❖ 栽培方法详见 P17

可爱的颜色和形状，再加上酸甜的口感，真是魅力无穷！

小西红柿

如果你喜欢这可爱的形状和酸甜的味道，就算只是看着它成长也是一种无穷的乐趣。

而且不勤浇水也 OK！

所以极力推荐给那些刚到办公室就慌张大叫"哎呀，早上忘记给蔬菜浇水了"的人。

Let's Cooking

小西红柿紫洋葱梅汁沙拉
将小西红柿切成两半，紫洋葱切片用开水焯一下。在梅汁中拌入橄榄油和胡椒做成调味汁，淋到蔬菜上。

尝试栽种
嫩叶菜！

播种
在花盆下面垫上玻璃杯，然后播种、盖土。

长出子叶
子叶都精神抖擞地伸展着双臂！

迅速成长
看上去像不像是在各自舞蹈？

❖ 栽培方法详见 P27

从盆底吸收水分，轻松生长

嫩叶菜
（甜菜根）

在凉拌类蔬菜的卖场，嫩叶菜已经牢牢占据了一片天地。

其小小的叶片中富含维生素和矿物质等丰富的营养元素。

在花盆中装土、播种是常见的栽培方法，现在让我们来尝试用"底面给水"法培育甜菜根。

将盛有水的玻璃杯放在花盆下，通过无纺布吸收水分供给土壤。

吸干之后，补水即可，所以即便是几天不在家也不用担心蔬菜缺水。

Let's Cooking

嫩叶菜蘑菇沙拉

将口蘑和灰树花等各种蘑菇用麻油炒一下，加入酱油调色，撒上黑胡椒，摆放在各种嫩叶菜上。

薄荷水果冻

　　将两杯半的苹果汁和 4 克琼脂粉放入锅中煮化，煮好后倒入容器中，将 1/4 个煮熟的苹果切成小块放入其中，凝固之后添加薄荷叶。

将一枝薄荷泡入水中

在装有水的玻璃杯中，插入一枝薄荷，栽种就开始啦！

生根

从薄荷枝中缓缓地生出了根，还长出了新叶子。

种植到花盆中

搬到花盆里啦！快快加油长吧！

❖ 栽培方法详见 P35

用一片叶子也能培育

薄荷

因清凉的口感赢得了人气，可以促进排汗，从体内降温，所以是夏季的热门食品，但畏寒体质的人和孕妇要慎用。

薄荷具有镇定安神、消除焦虑的功效，同时还能预防口臭。

如果室内有一盆薄荷，只需摘几片叶子放入杯中，倒上开水，就可以轻松享受薄荷茶的清香。

栽种的时候，无须特意采购种苗，只要把茶叶或做菜用的薄荷泡入水中即可。生根后，移入花盆中便开始慢慢生长。

哪怕只有一片叶子也能够培育。

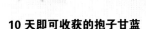

尝试栽种萝卜芽！

播种
在湿润的棉纱上播种，放入盒子里。

发芽
从种子一下子长成了生机勃勃的嫩芽。

根茎在生长
根茎比预想的更挺拔。

长得很高
已经长到 10 厘米左右了，可以晒太阳啦！

❖ 栽培方法详见 P37

10 天即可收获的抱子甘蓝

萝卜芽

麻酥酥的辣味，嚼劲十足的口感，这是魅力无限的萝卜芽，是最容易种植成功的抱子甘蓝，含有丰富的维生素和矿物质。

将棉纱浸水，在上面播种，暗处培育。

长高之后再进行日晒，大约两天之后，可爱的心形叶子就会变成绿色。

按照此方法培育出来的萝卜芽叫做"嫩芽系列抱子甘蓝"，而直到果实成熟也不见光，收获到的白色萝卜芽则叫做"豆芽系列抱子甘蓝"。

Let's Cooking

萝卜芽凉豆腐

将一块豆腐切成 4 等份，上面放上少量的萝卜芽和腌泡菜。从上面淋上酱油或在盘中倒入沙司调味。

在室内栽培能愉悦心情的蔬菜

早上起来的第一件事，就是去看三天前播下嫩叶菜种子的花盆。

"发芽了！"没错，小小的嫩芽齐刷刷地长出来了。

"我回来啦！"下班之后再一看，结出的青椒比早上看时又大了一圈儿。

啊，小西红柿变红啦！

这都是在房间里发生的事。不是田间、院子里的菜园，也不是阳台或屋顶的平台。

大家是不是觉得即便有种植蔬菜的想法，也不是所有人都有能力实现？

因为既没有院子也没有阳台，就算有，一旦晾衣服、晒被子，也就没有了种菜的空间。

可是，蔬菜也可以在室内种植。当然，有些蔬菜适合，有些蔬菜不适合。有很多蔬菜并不像沐浴着阳光成长起来的田间蔬菜那样能结出累累硕果。

但是你会看到，有比我们预想的多得多的蔬菜可以在房间里种植，事实上，已经有 60 多种蔬菜尝试过室内栽培。在本书中，将节选出其中的一部分推荐给你，并以图文并茂的形式向你介绍成功栽培蔬菜的技巧。

想要通过室内栽培实现蔬菜的自给自足还不太现实，但你可以充分感受到"到底还是自己种的菜好吃！"因为，没有比能感受到生命的光辉更宝贵的事了。而且，每天看着蔬菜的生长来愉悦心情，也是非常难得的经历。

希望你能从在室内栽种蔬菜的过程中，找回因工作忙碌而被遗忘的宝贵心境。

吉度日央里

房间里的菜园 目录

序言
在室内栽培能愉悦心情的蔬菜……10

第一部分
在室内培育美味的蔬菜……15

第二部分
在室内栽培蔬菜的要点……49

第一部分

在室内培育
美味的蔬菜

期待青色的果实变为成熟的红色

小西红柿

易培育程度
★ ★ ★
科目 茄科
原产地 南美（秘鲁、厄瓜多尔）
种苗或种子 从种苗开始栽培
收获所需天数 50～70天

就是从这棵种苗开始培育

放在光照好的窗边控制浇水量

栽培小西红柿对初学者来说也很容易，因此小西红柿成为了家庭菜园中的代表性蔬菜。虽然在家中栽培不可能硕果累累，但也会长出熟透变红的果实。

因为原产地的土壤很干燥，所以栽培时要控制浇水量，这样味道会更加浓郁、鲜美。小西红柿原本需要充足的阳光照射，所以尽量将其放在光照好的窗边，同时要注意通风。

到了秋季，因为阳光会更多地射入室内，此时会结出更多的果实。秋天的果实比夏天的甜美，一定让你感到意外吧！

栽培日历

	1月	2月	3月	4月	5月	6月	7月	8月	9月	10月	11月	12月
种植				●━━●								
收获							●━━	━━	━━	━━	━━	━●

小西红柿的栽培法

1 种植 & 插入支架

在直径 30 厘米以上的深盆中装入花土，栽上种苗。插入三根 1.5 米长的支架，组合成三角锥形。用喷雾器将土壤表面润湿。如果室内空间不够高，可以使用 1 米长的支架。

2 浇水

发现土壤表面干燥了，就要浇水。做法和第 1 步相同。因为小西红柿喜干，所以当叶子微微枯萎的时候浇水即可。

3 拔掉侧芽

当叶子根部长出侧芽后，要及时拔掉，这样可以保证粗根更好地生长。如果放任侧芽生长，会影响通风，需要注意。

4 摘心

菜叶长到支架顶端后，将末端剪掉抑制其生长，叫做摘心。如果不进行摘心处理，虽然能收获到更多的果实，但味道会大打折扣。

5 收获

在室内栽培，果实会一个个相继成熟，所以要分别收获。

可以使用同样方法种植的蔬菜

水果
西红柿

吉度日央里的栽培日记

小西红柿不易生虫，很好栽培。因为比预想的长得快，所以很后悔刚开始时插入的支架太短了。

造型美观，很适合作为观赏植物

黄瓜

易培育程度
★ ★ ★
科目
瓜科
原产地
印度、尼泊尔
种苗或种子
从种苗开始栽培
收获所需天数
50 ~ 60 天

就是从这棵种苗开始培育

注意不要浇水过多，要充分日晒

　　叶形漂亮，开出的黄花也很美丽，所以黄瓜也很适合作为室内的装饰盆栽。并且，收获旺季的夏天，新摘的黄瓜超级美味！

　　据说，黄瓜的原产地是喜马拉雅山脉的锡金地区，喜水的同时也喜干燥。生长于光照好的地方，但浇水过多会生病害，要特别注意。

　　如果有足够的空间在大花盆或栽培箱中栽培，种苗高出 10 厘米后，在旁边播种大豆可以补充氮（关于和大豆共同栽培的功效请参照 P60 ）。

黄瓜的栽培法

1 种植 & 插入支架

在直径 30 厘米以上的深盆中装入花土，栽上种苗。插入三根 1.5 ~ 2 米长的支架，组合成三角锥形。用喷雾器将土壤表面润湿。

2 浇水

发现土壤表面干燥了，就需要浇水。做法和第 1 步相同。

3 摘花

如果在根茎尚未达到 30 厘米就出现花苞，要全部摘掉。如果花苞开放，种苗就难以长大。

4 防治霉病

如果染上霉病，可以将木醋稀释1000 倍，用喷雾器喷洒在叶面上（请参照 P95 ）。

5 收获

由于一天之内就会有惊人的生长速度，所以要注意及时采摘。因为一眨眼的工夫就会长成黄瓜精哦！

吉度日央里的栽培日记

黄瓜在室内不断地生长，为炎热的夏季营造出一片清凉。早上和傍晚，果实的大小截然不同，让人惊叹其旺盛的生命力。

小小的绿色果实在渐渐膨胀

青椒

易培育程度
★ ★ ★
科目
茄科
原产地
中南美洲的热带地区
种苗或种子
从种苗开始栽培
收获所需天数
50 ~ 60 天

就是从这棵种苗开始培育

在温暖的地方栽培偶尔会招蚜虫

青椒是一种很好栽培的蔬菜，如果在田间种植，不用特别照看就可以不断结果，而在室内栽培时，虽然果实数量较少，但可以每天欣赏其不断生长的样子。

青椒的原产地是中南美洲的热带地区，适合栽培的温度在 25℃ ~ 27℃ 之间，因此，要避免低温。栽种种苗应选择在天气暖和的时候，培育过程也要在房间最温暖的地方进行。

青椒的花朵和叶子容易招蚜虫或粉虱，注意不要浇水过多，应放在阳光充足且通风好的地方。

栽培日历

	1月	2月	3月	4月	5月	6月	7月	8月	9月	10月	11月	12月
种植												
收获												

果类蔬菜

21

青椒的栽培法

1 种植 & 插入支架

在直径 25 厘米以上的花盆中装入花土，栽上种苗。插入一根 70 ~ 80 厘米长的支架，用喷雾器将土壤表面润湿。

2 浇水

发现土壤表面干燥了，就要浇水。做法和第 1 步相同。

吉度日央里的栽培日记

虽然可爱的白色花朵上爬满蚜虫时处理起来有点辛苦，但看到结出的小小果实，感动之情立即让辛苦烟消云散。

3 除虫

青椒的花朵和叶子上有时会附着蚜虫（右图）或粉虱（左图），如果数量少，可以用毛笔将其拨掉；数量多时，可以用喷雾器喷水冲洗（有关除虫的详细说明请参照 P94 ）。

4 收获

果实充分膨胀之后，用剪刀剪下。

可以使用同样方法种植的蔬菜

黄椒

红椒

鲜艳的红色果实可以作为可爱的室内装饰

尖椒

易培育程度
★★★★
科目 茄科
原产地 墨西哥
种苗或种子 从种苗开始栽培
收获所需天数 70 ~ 80 天

就是从这棵种苗开始培育

易成活、适合初学者，注意做好防虫工作

推荐给第一次购买种苗尝试室内栽培的人。因为易成活，照看起来一点儿都不费事。

尖椒红透以后，室内会一下子亮起来，让人精神大振。

唯一的困惑是容易生蚜虫或粉虱，但与它们斗争也是件有趣的事。不过，到了夏天，就没有虫害的顾虑了。

收获之后，将尖椒用绳子束好吊起来晾干。用自产尖椒制作口感麻辣的菜肴，绝对是最佳美味！

尖椒的栽培法

1 种植 & 插入支架

在直径 25 厘米以上的花盆中装入花土，栽上种苗。插入一根 70 ~ 80 厘米长的支架，用喷雾器将土壤表面润湿。

2 浇水

发现土壤表面干燥了，就需要浇水。做法和第 1 步相同。

3 除虫

尖椒的花朵和叶子上有时会附着蚜虫或粉虱，如果数量少，可以用毛笔将其拨掉；数量多时，可以用喷雾器喷水冲洗（有关除虫的详细说明请参照 P94）。

吉度日央里的栽培日记

从 5 月下旬开始，就不需要日夜埋头和蚜虫、粉虱搏斗了，因为天热之后，虫害会突然消失。尖椒鲜艳的红色看起来非常漂亮，活力十足！

4 照看

当长出白色的小花之后，会结出绿色的果实，此时只需浇水就可以轻松照看了。

5 收获

尖椒变红之后就可以收获了，也可以等全部红透之后连根拔起。

6 干燥

连根一起用绳子系好，倒挂起来，放在通风好的地方干燥。

收获到的是柔软味甜的嫩叶

小松菜
（嫩叶菜）

易培育程度
★★★★
科目
油菜科
原产地
中国
种苗或种子
从种子开始栽培
收获所需天数
20 ~ 30 天

就是从这样的种子开始培育

隆冬季节也可以顺利栽培，从初夏开始要注意避暑

　　小松菜与其他蔬菜相比，钙含量和 β- 胡萝卜素含量都遥遥领先，是营养价值非常高的黄绿色蔬菜。通常用于凉拌或清炒，更多的用来生食。

　　如果使用 4 号花盆播种 30 粒种子，不到一个月就可以收获小菜叶。其他青菜也可以按照同样方法栽培，但有时会生蚜虫。

　　从 5 月下旬开始生虫子，所以尽量要在此之前收获，等到秋天再重新播种，冬季也可以顺利栽培。

栽培日历

	1月	2月	3月	4月	5月	6月	7月	8月	9月	10月	11月	12月
种植												
收获												

小松菜的栽培法

1 播种

在花盆中装好土，全面播种，种子与种子之间留出 1 厘米左右的间隔。盖上一层浮土，用喷雾器喷上水。此时，不要喷水过多，土壤表面润湿即可。

2 浇水

发现土壤表面干燥了，就需要浇水。做法和第 1 步相同。

吉度日央里的栽培日记

这次除了小松菜，还尝试同时栽培了其他几种青菜，这些蔬菜排列在窗边的样子看起来特别可爱，真让人欣慰。

3 收获

长到适合制作嫩叶沙拉的大小（叶片长 4 ~ 5 厘米）就可以收获了。通常收获的时候间苗大叶，但如果是用小花盆密集栽培，间苗之后剩余的枝叶很难长成。

可以使用同样方法栽培的蔬菜

日本芜菁

青梗菜

茼蒿

芥菜

白菜

小白菜

雪菜

红绿争艳装点餐桌

甜菜根
（嫩叶菜）

易培育程度
★ ★ ★ ★ ★
科目
灰菜科
原产地
地中海沿岸
种苗或种子
从种子开始栽培
收获所需天数
25 ~ 40 天

就是从这样的种子开始培育

在花盆下放置玻璃杯，从下面吸收水分

所谓嫩叶菜，就是叶片尚未长大时收获的蔬菜的幼叶。

经常用于凉拌沙拉，和大叶相比，营养价值更高，摆放到餐桌上更美观，因而更受欢迎。

在出售的各种嫩叶菜中最为显眼的就是拥有令人印象深刻的红色根茎的甜菜根。长大之后，就成为红色的大嫩叶。

通过埋在土壤中的无纺布的传输，根茎从底部吸收水分，利用这种底面给水的方法进行栽培，就不需要频繁浇水了。

栽培日历

	1月	2月	3月	4月	5月	6月	7月	8月	9月	10月	11月	12月
种植												
收获												

凉拌类蔬菜

27

甜菜根的栽培法

1 准备土壤和无纺布

在 3 号花盆中铺好无纺布（在此使用的是排水口专用的过滤网），用笔等将其中央压入盆底的圆孔中，从下方拉出 5 厘米左右。将其余部分摊开在花盆中，从上方装土（请参照 P84）。

2 将花盆放到玻璃杯上

在玻璃杯中倒入 3 厘米高的水，将准备好的花盆放在上面，使无纺布可以吸收水分。选择玻璃杯时，尺寸标准为放上花盆后，花盆下方可以和玻璃杯中的水面保持一定的距离（请参照 P82）。

3 播种

将 20 ~ 25 粒种子全都播撒在土壤表面，上面盖上薄薄一层浮土。发芽之前盖上报纸等防止干燥。

4 浇水

玻璃杯中的水被吸干后，可以再加入 3 厘米高的水。因为下面的水会溶解土壤中的养分，所以不要中途将水倒掉，应通过无纺布将其全部吸收。

5 收获

从大叶子开始收获。全部收完之后还会长出新叶，可以按照同样的方法栽培。

可以使用同样方法栽培的蔬菜

火焰菜

榨菜

吉度日央里的栽培日记

原本使用小花盆土壤少、容易干燥，必须时刻注意浇水。但是利用这种给水法就可以放心了，不会生虫子，还可以使蔬菜更好地生长。

★ 24、25、28 ~ 33 页的蔬菜和香草也可以用同样的方法栽培。

新鲜的绿色让室内变得明亮

绿色散叶莴苣

就是从这棵种苗开始培育

易培育程度
★★★★★
科目 菊科
原产地 中东、地中海沿岸
种苗或种子 从种苗开始栽培
收获所需天数 30 ~ 40 天

不生虫子、成长迅速、无须照料的凉拌类蔬菜

所谓散叶莴苣，其特点是不结球，栽培时间短。有各种颜色和形状，是品种丰富的凉拌类蔬菜。

莴苣类蔬菜适合寒冷凉爽的生存环境，散叶莴苣虽然不像抱子莴苣那样，但也怕热。所以，春季种苗上市之后要早早栽培，早早收获。

最让人欣喜的是，散叶莴苣几乎不会生任何虫害！将种苗种植之后，只需浇水就可以了，很容易栽培。用新鲜采摘的散叶莴苣制作凉拌沙拉，一定会吃上瘾的！

栽培日历	1月	2月	3月	4月	5月	6月	7月	8月	9月	10月	11月	12月
种植				●—●					●—●			
收获					●—●					●—●		

绿色散叶莴苣的栽培法

1 种植

在 5 号花盆中放入花土，种植种苗。用喷雾器喷水，土壤表面湿润即可。

2 浇水

发现土壤表面干燥了，就需要浇水。做法和第 1 步相同。

3 收获

长大之后，从外侧的叶子开始收获。

散叶莴苣也可以在水中栽培。剪掉矿泉水瓶的瓶口部分，将瓶口倒置在盛好水的高一些的玻璃杯中。将散叶莴苣的根部缠上无纺布后插入矿泉水瓶口，之后将玻璃杯用铝箔裹住。要勤换水，按照使用说明施加植物性液体肥料。

无纺布

铝箔

吉度日央里的栽培日记

除了浇水之外，几乎不需要特别照看就可以茁壮生长，而且非常美味，确实是很难得的蔬菜。漂亮的绿色也可以愉悦心情！

莴苣

芝麻菜

可以使用同样方法栽培的蔬菜

★芝麻菜有时会生虫子。

色香俱全

绿紫苏

易培育程度
★★★
科目
紫苏科
原产地
喜马拉雅地区、中国南部
种苗或种子
从种苗或种子开始栽培均可
收获所需天数
种子：40～60天
种苗：30～50天

就是从这样的种子开始培育

耐虫病，适合初学者

β-胡萝卜素的含量之高，在蔬菜中遥遥领先。因其抗氧化作用有利于防癌而备受关注。同时具备防腐和杀菌功效，也能缓解过敏症状。

如果在室内栽培，虽然不会长得特别大，但作为观赏植物刚刚好。

不易生虫，也很少生病，很适合初学者。无论是从种苗还是从种子开始栽培都可以顺利地成活，所以如果是想观赏发芽和子叶的人，一定要从种子开始尝试栽培。

需要注意的是，从种苗开始栽培，长时间不见光也没关系，所以如果是光照不好的房间，建议你从种苗开始栽培。

栽培日历

	1月	2月	3月	4月	5月	6月	7月	8月	9月	10月	11月	12月
种植				●—●								
收获					●———————●							

绿紫苏的栽培法

1 播种

在 4 号花盆中分 3 ~ 4 处播种 10
粒左右的种子，盖上薄薄一层浮土。用
喷雾器多喷一些水。

2 浇水

发现土壤表面干燥了，就要浇水。
做法和第 1 步相同。

3 疏苗

如图所示，种苗出现大小差异之后，
只留下 2 ~ 3 棵大而结实的种苗，其余
的拔掉。

吉度日央里的栽培日记

分别尝试了从种苗和种子开始栽
培，和以前在室外栽培相比，室内栽
培长得更好。因为在室外时会生虫子，
而在室内则完全不用为此担心。

4 收获

从大叶子开始收获。

如果室内的光照不好，推荐从种苗
开始栽培。

荷兰芹

可以使用同样方法栽培的蔬菜

鸭儿芹

★鸭儿芹要在喜阴环境下栽培。

可以随时采摘

罗勒

易培育程度
★ ★ ★ ★ ★
科目
紫苏科
原产地
印度、亚洲热带地区
种苗或种子
从种苗或种子开始栽培均可
收获所需天数
种子：40～50天
种苗：30～40天

就是从这样的种子开始培育

放置在光照好的地方，注意防止干燥

罗勒适合与西红柿搭配食用，是制作意式面食和比萨不可或缺的材料。其独具个性的香气中含有有效的抗癌成分。

在栽培箱中可以很容易栽培，所以有很多人选择在阳台上种植，但在室内也可以很好地成活。

只是原产地是热带地区，所以光照是必需的。因为不喜干燥，所以要经常检查土壤表面是否变干。

从种苗或种子均可以开始栽培，所以将长出嫩叶的枝条放入水中让其生根后种植到土壤中，是比较容易成活的栽培方法。即便是做菜用的罗勒，泡在水中也可以生根。

栽培日历

	1月	2月	3月	4月	5月	6月	7月	8月	9月	10月	11月	12月
种植				●——————————●								
收获					●——————————————————————●							

罗勒的栽培法

1 播种

在4号花盆中分3～4处播种10粒左右的种子，盖上薄薄一层浮土。用喷雾器多喷一些水。

2 浇水

发现土壤表面干燥了，就要浇水。做法和第1步相同。

3 疏苗

如图所示，种苗出现大小差异之后，只留下2～3棵大而结实的种苗，其余的拔掉。

 吉度日央里的栽培日记

从种苗开始栽培的罗勒个头巨大，从种子开始栽培的罗勒也健康地生长起来了。如果在室外栽培容易生虫害，但在室内则完全不存在虫害的问题。

4 收获

从大叶子开始收获。

如果光照不是很充分，建议从种苗开始栽培。

将做菜用的罗勒枝条泡在水中，生根后可以代替种苗。

可以使用同样方法栽培的蔬菜

蜜蜂花 　　　　　柠檬

牛至 　　　　　迷迭香

茁壮生长，振奋精神

薄荷

易培育程度
★ ★ ★ ★ ★
科目
紫苏科
原产地
欧洲
种苗或种子
从一根枝条开始栽培
收获所需天数
20 ~ 30 天

将小枝条浸泡在水里生根之后定植在盆中

薄荷比杂草的生命力还要旺盛，是非常顽强的香草。所以即使不买种子或种苗，只要有一根枝条，就可以不断长出新的枝条。

将薄荷的小枝条浸入水中就可以生根，之后可以移植到花盆中。小枝条从制作点心或香草茶时购买的薄荷中挑选即可。

种植后，要注意防止干燥。此外，如果通风不好，容易生锈斑，也就是叶子上附着茶色斑点，所以要放置在通风好的地方。如果枝叶过于拥挤，就要除去多余的部分。

	1月	2月	3月	4月	5月	6月	7月	8月	9月	10月	11月	12月
浸泡												
收获												

薄荷的栽培法

1 浸泡枝条

将一根小枝条浸泡在盛有水的小玻璃杯中，在常温下放置一段时间。只需要勤换水即可。

2 生根

根据气温的不同，生根时间有所差异。最快的需要一周。即便是寒冷的季节，只要耐心等待就会看到生根。

3 定植

根纷纷长出来之后就可以移植到 4 号或 5 号的花盆中，用喷雾器多喷一些水。

4 浇水

发现土壤表面干燥了，就要浇水。做法和第 1 步相同。

5 收获

从大叶子开始收获。全部收完之后，还会继续长出新叶，可以按照同样的方法栽培。

可以使用同样方法栽培的蔬菜

罗勒

吉度日央里的栽培日记

曾经有朋友将浮在鸡尾酒上的薄荷叶带回家后泡入水中，生根之后移植到花盆里进行培育。效仿此法也可以栽培成功。

早早栽培，营养卓越

萝卜芽
（嫩芽系列抱子甘蓝）

易培育程度
★★★★
科目 油菜科
原产地 地中海沿岸
种苗或种子 从种子开始栽培
收获所需天数 7～14天

就是从这样的种子开始培育

一周左右就可以收获，注意要勤换水

萝卜芽富含有维生素 C、维生素 K、铁和食物纤维等营养元素，且含有能够增强免疫力的褪黑激素。其中所含的辣味成分叫做异硫氰酸盐，有解毒杀菌和抗氧化的功能，能有效预防癌症。

通常一周左右就可以收获，即便是隆冬季节选择温暖的地方用盒子栽培，不到两周就可以食用。

要每天换水，如果水腐臭就会生斑或枯萎。不过需要照看的地方也仅限于浇水，所以实际上很好栽培。

栽培日历

	1月	2月	3月	4月	5月	6月	7月	8月	9月	10月	11月	12月
种植												
收获												

萝卜芽的栽培法

1 制作培养基

选择一个高 10 厘米左右的容器，根据容器底部大小裁剪棉纱，铺在容器底部，用喷雾器喷水将其润湿。

2 播种

在容器中放入种子，倒水，去掉浮起的种子，沥干水分。尽可能在容器底部排成一排播种（注意不要叠放在一起）。用喷雾器充分浇水淹没种子。

3 放置在暗处

放置在暗处培育，直到长到理想的高度。放入盒子中，也可以罩上纸袋。

4 倒水

三天左右就会生根，此时将容器倾斜，倒掉积水（如果在根部长出之前倒水，种子会移动）。倒出的种子不能发芽，可以处理掉。

5 换水

从容器边缘加水，水面比种子略高即可。倾斜容器倒掉多余的水分，每天换水（夏季要早晚换两次水）。

6 发芽

种子裂开就会发芽，继续按照第 5 步的方法浇水。

7 隔窗日晒

长到 10 厘米左右的时候移至窗边，进行日晒，不要让阳光直射。按照之前的方法进行换水。

8 收获

子叶完全变为绿色之后，用剪刀剪下食用。

可以使用同样方法栽培的蔬菜

水萝卜

豆苗

★芥子和红色三叶草也可以按照同样的方法进行栽培。

乱蓬蓬地生长很有趣

苜蓿草
（豆芽系列抱子甘蓝）

易培育程度
★ ★ ★ ★ ★
科目
豆科
原产地
中亚
种苗或种子
从种子开始栽培
收获所需天数
7 ~ 10 天

就是从这样的
种子开始栽培

咔嚓咔嚓的口感能缓解便秘

苜蓿草是富含维生素和矿物质的抱子甘蓝，维生素 E 和维生素 K 的含量尤其高。因为含有很多食物纤维，口感清脆，而且能有效消除便秘。

和嫩叶系列抱子甘蓝一样，不需要棉纱等培养基，直接放入容器中，在水中浸泡一夜，每天水洗即可。如果某天忘记浇水就会开始腐烂，散发臭味，所以一定不要疏忽大意，心不在焉。只要保持清洁，就可以大量收获。

除了用于凉拌，也是包春卷的配菜。

栽培日历

	1月	2月	3月	4月	5月	6月	7月	8月	9月	10月	11月	12月
种植												
收获												

抱子甘蓝—39

苜蓿草的栽培法

1 播种

在盆中放入种子，倒水，去掉浮起的种子，沥干水分。
在有一定高度的玻璃容器中，铺入 2 ~ 3 层种子。

2 播种（继续）

倒入高度为种子两倍的水，在容器口罩上纱布，用皮筋套住。

 吉度日央里的栽培日记

没想到会一下子长出这么多，早知道只用半份种子就好了。不过，用一小撮儿种子就能收获如此之多的苜蓿草，让味蕾得到了极大的满足！

可以使用同样方法栽培的蔬菜

黄豆芽

3 放置在暗处

在收纳柜等阴暗的地方放置一宿，也可以放入盒子中或盖上纸袋。

4 倒水

第二天，不用揭纱布倾斜容器，将水倒干。

5 换水

从容器边缘加水，水面比种子略高即可。倾斜容器倒掉多余的水分，将湿纱布拧干，重新盖上。每天进行同样的操作（夏季要早晚换两次水）。

6 发芽

从小种子里长出细细的芽。要继续换水，每次换水，都要去掉浮起的种壳。

7 收获

当长满容器后，就可收获。清洗一下，尽量将种壳洗干净。

★绿豆芽和大豆芽也可以用同样的方法栽培。

从蔬菜根开始栽培

开始

生长

收获

萝卜

　　将萝卜根浸泡在水中，每天清洗换水。如果不清洗只换水，特别是在夏天会表面黏滑，应特别注意。萝卜叶比根部含有更多的维生素 A 和维生素 C。将长出的萝卜叶切碎加入酱汤中调味，非常适合搭配炒饭食用。

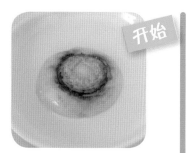

开始

生长

收获

胡萝卜

　　胡萝卜根和萝卜根一样，只要浸泡在水中就能长出叶子。胡萝卜叶比根部含有更多的维生素 A 和钙质，营养丰富。将其切碎，用少量的油炒一下，加入酱汤中，或炒好后用酱油拌一下，是很好的下饭菜。

做菜时，将根或芽的突起部分略微切下一点儿，
泡在水中或埋在土里，
为原本将要被抛弃的蔬菜根唤起新的生命。

大葱

　　在根部附近切下一长段，插入装好土的花盆中。用喷雾器喷水，将土壤表面润湿。每当土壤表面干燥时，也要用同样的方法补水。长成后，可以在做酱汤、纳豆和凉拌豆腐时调味。

小葱

　　将切下的长段葱根像种葱一样埋入土中，用喷雾器浇水。需要作料的时候用起来非常方便。

访问热衷于 "在室内栽培蔬菜" 的人们

蔬菜栽培达人向我们讲述和蔬菜共同生活的日子里那些激动人心的瞬间

用蔬菜根进行水中栽培——敬畏生命的意义
🌱 伊藤正幸

"我所进行的室内栽培，应该叫做超市园艺。"

什么？超市园艺？不是很了解，但听起来好像很了不起。

身为作家和文艺创作者的正幸自称是"阳台先生"。在自家公寓的阳台上栽种了 60 盆植物，爱好园艺，甚至出版了有关阳台园艺的书。

"那可真了不起！可能你会以为这是很像样的园艺，实际上就是将超市出售的廉价商品使用水中栽培法种植而成的植物。或许胡萝卜有点儿腐烂，萝卜有点儿打蔫儿，但经过水中栽培，就能成为不错的园艺。"

"比如，切萝卜的时候，通常会把根部扔掉，其实那太浪费了，如果浸泡在水中，是可以开花的。半个月之后，从根部就会开出一朵朵小花。从萝卜根的顶部，还会冒出根须。"

噢，这就是你说的"超市园艺"？不过，怎么能让花开呢？笔者也曾尝试过栽培萝卜根，可是白色部分变黑了，根本没能等到开花。

"可能是季节的原因。我做了 15 年的园艺栽培，总结下来发现，在不同的房屋环境中，植物的栽培方法也不尽相同。也就是说这是'房屋'的问题。所谓阳台栽培，关系到阳台的位置、接受日晒的方法、是否是混凝土建筑，以及空调室外机的位置等。"

"在室内的栽培也是一样，花盆放在房间的哪个角落，栽培效果有很大的差异。这些细节因素太微妙了，很难写在书中。"

伊藤正幸

1961年出生。作家、文艺创作者，涉足包括纸媒、影像、舞台、音乐和新媒体等在内的广泛领域，均有出色表现。著作有《失去童年的时代》、将在网络上记载的植物观察日记汇集而成的《植物的生活》、《自创阳台园艺》等。从1994年开始在自家公寓的阳台上栽培植物，至今已种植了60多盆。

主页：www.cubeinc.co.jp/ito/

不过，伊藤先生建议就算是蔬菜根腐烂，也希望大家尝试一下超市园艺。

"大家一定都知道，植物的生长不是人类能够完全控制的。所以，我认为这是好事，包括腐烂，甚至死亡。"

伊藤认为，超市园艺是从种苗、种子开始栽培的入门阶段。平时没去过园艺店的读者，你怎么和他谈论种苗他也不能形成印象，但是如果你让他看照片，超市的廉价胡萝卜或土豆，泡在水中几天之后就长大那么多，他一定会动心，要求说："那么，我也尝试一下吧。""从将蔬菜根泡入水中开始，渐渐地就会喜欢上栽培，进而播种各类种子，那不是件很有趣的事情吗？"

正所谓"根部"是入门。

伊藤还告诉我们：在这样的栽培过程中，会逐渐懂得光合作用是一个多么重要的生化工程，农业栽培需要掌握很多技术，以及根须茂盛的植物通常富含更多的营养成分。

"总之，你会惊叹生命的神奇，这就足够了！至于是否还会发生其他情况，就因人而异了。"

我觉得超市园艺还真是拥有超级魅力的园艺。

在家中和生物共同生活的神秘体验

🌱 水野美纪

近来，有很多名人开始展示自己引以为豪的宠物，而女演员水野美纪却好像对其他生物情有独钟。

"我会把不太新鲜的胡萝卜泡在水中。一夜之后，早上起来发现已经长出了5厘米的芽，让自己备受鼓舞。"据说胡萝卜芽可以长到30厘米。

"在家中培育植物，听起来不可思议，但一个人生活，也不养宠物，就希望能有其他生物陪伴。"

此前，水野曾经栽培过只需要20天就能收获的萝卜和菠菜等蔬菜，这些蔬菜生长迅速，能够切实感觉到每一天都在生长。当马上要收获生长了20天的萝卜时，甚至想要连叶子一起全部吃掉。

"我觉得自己吃了一顿相当美味的大餐。那么，之前买来的蔬菜，也是某位农户花费如此大的心血栽培出来的吧！这让我想到了生活中很多最基本的东西，一种感激之情油然而生。依靠土壤、阳光和水三个要素，能产生如此颜色丰富、形状各异的叶子、根和果实，让人感觉很意外。怀着一种对食材的神秘感食用它们，或许是最美味的食用方法。"

水野说今后她还要再次挑战曾经栽培失败的夏宾奴（超辣尖椒）。神秘体验还将继续。

水野美纪
1974年出生。演员。活跃在舞台、电影、电视剧、文学创作、品牌皮包"THIRD FACTORY"的策划等诸多领域。2007年，和作家楠野一郎共同创办了剧团"螺旋桨犬"。主要演出作品：电视剧《跳跃大搜查线》《女主持人》《逃亡者》等，电影《跳跃大搜查线》（电影版）《恋人狙击手》（影院版）《记得那片天空》《两个穿运动服的人》等。此外还有舞台剧《乌托邦之岸》《开弦》《远离生活》等。
主页：http://www.mikimizuno.com/

需要精心照料的抱子甘蓝让我感受到"生命的教育"
柳生真吾

园艺家柳生真吾最想推荐给大家的室内栽培蔬菜是抱子甘蓝。

"我希望和孩子一起栽种抱子甘蓝。因为它生长速度惊人，甚至肉眼都能够辨别。看着它每天在变化姿态，就感觉它是'活着'的。吃的时候，就像汲取生命的能量。"

据说柳生先生也曾在儿子上小学的时候，和他一起栽种过抱子甘蓝。当品尝自己亲手栽培的抱子甘蓝时，儿子迫不及待地询问他："怎么样，怎么样？"柳生的回答是："好吃！"

从此他知道了一直以来为自己做饭的母亲的心情，这也是他想要做个园艺家的最初原因。

但是，抱子甘蓝需要每天换水，否则会散发出腐臭的味道。

"变臭之后还会发霉，就没办法吃了。所以不好好照顾就不能顺利生长，这种感觉很好。如果我付出了，就会得到它的回报；但如果怠慢它，它很快就会死去。不过，最重要的是能认识到这是'自己害死的'。"

人能够感受到生命的意义，只有两个瞬间：一个是出生，一个是死亡。但据说可以通过"宠物和园艺"在日常生活中体会到这一点。

"我觉得当它们死去时，你流出的泪水很重要。那会让人成长。"

抱子甘蓝的培育是"生命的教育"，我希望把这种理念传播开来。

柳生真吾

1968年出生。园艺家。小学时曾和父亲柳生博一起种植了一片杂木林，并命名"八岳俱乐部"。之后柳生真吾成为俱乐部的代表。除了出演电视剧和参加广播节目之外，还在全国各地进行演讲。现在致力于开展"小学校里的洋水仙"活动，在培育球根花卉洋水仙的同时，让孩子们孕育自己的梦想。著作有《柳生真吾不主张的园艺》（主妇与生活社）、《柳生真吾开始园艺栽培的第一步》（家庭之光协会）等。

八岳俱乐部网址：http://www.yatsugatake-club.com/

关于母亲快乐栽培蔬菜的美好回忆
🎾 小畑亮吾

"我最近才知道，自己刚刚 3 岁的时候，就和哥哥一起'第一次去跑腿'，买回来的是个喷壶。"

引领先锋流行音乐潮流的人气乐队 goomi 的主唱兼小提琴和吉他手小畑亮吾，从小就和植物结下了"不解之缘"，而精心呵护这份缘分的就是他热爱植物的母亲。上幼儿园的时候，小畑就开始负责给植物浇水，上了小学之后也是周末负责浇水。

"我们家总是摆放着香草的花盆，对此我已习惯以为常，所以独立之后发现自己的房间中没有任何绿色，感觉很不安。"

于是，我开始栽培香气好闻的迷迭香。迷迭香是一种可以促进血液循环的香草，能够增强记忆力、提高注意力。对于曾经在美国和法国生活过的母亲来说，很早就开始痴迷于香草的栽培，所以小儿子小畑亮吾也成了彻底的香草通。

"在欧洲有这样的说法，'培育迷迭香的家中不会有人生病'，所以睡懒觉起不来的人，可以闻一下迷迭香的气味，能够醒脑哦。"

小畑现在除了栽种迷迭香之外，还利用闲暇栽种香菜、柠檬香草以及荷兰芹。荷兰芹曾在小畑博客中上传的自制便当图片中出现过。

"妈妈培育植物时的快乐姿态是一段美好的回忆，深深印在了我的脑海中。"

我深切地感到，现在很需要这种教育。

小畑自制的便当。

小畑亮吾
1982 年出生于法国。从千叶到东京，其乐队 goomi 活跃在全国各地，担任小提琴手和吉他手，并填写歌词。2009 年出版专辑《三只眼》。2010 年首次海外演出获得成功，其活跃空间更加广阔。此外，还担任双人组合 Dawn-People 的小提琴手。喜欢做菜、种植香草和饮茶。沉浸在音乐和美食中度过每一天。
goomi 的主页：http://www.goomi.jp

从母亲到女儿再到外孙女 传承室内栽培的意义
🌱 香川贞子·展子

经营布匹工作室 "haha" 的香川贞子今年 75 岁。喜欢创意，而且还是将其发展到极致的达人。

有一天，女儿展子送给她一张画像。上面画着胡萝卜叶林，好似蔬菜根的乐园。摊开在浅盘中的蔬菜世界，充满着无尽的生命力。

"蔬菜好像迫不及待地要快快生长。这样，做酱汤想要添加调味料时，切下一些就可以了。"（贞子）

这种方法曾经是贞子母亲传给她的。

"我上中学的时候，每次吃大葱时都会切掉多余的根部。但妈妈让我埋在土里，说是还能重新生长。"（展子）

就这样，生活的智慧从母亲传给女儿，再从女儿传给外孙女，现在已经成为宝贵的财富。

大豆芽也是贞子拿手的室内栽培植物。

"就是从这么小生长起来的。所以我觉得自己也一定要努力。"（贞子）

"还有，虽然我不知道这算不算是栽培，总之，家里买来的蔬菜不会放入冰箱，而大多是浸泡在水中。总是在略微长大一些或开花的状态下食用。平时看着也很美。"（展子）

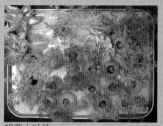

胡萝卜叶林

这都是她们列举的任何人都可以马上开始操作的室内栽培法。太精彩了！

香川贞子
1936 年出生。经营布匹工作室 "haha"。她的作品极具人气，无论是皮包、围裙还是厨房用品，不仅能营造出温馨的气氛，而且功能性强，使用起来得心应手。

香川展子
1968 年出生。"拉斐尔艺术工作室"的经理。2002 年，和哥哥香川和明一起开办了拉斐尔艺术工作室，用独创的手法经营拉斐尔艺术学校和店铺。2009 年，在新宿的曙桥开办了工作室 10.4。

拉斐尔艺术工作室网址：http://www.raphael-art-studio.net/

吉度日央里的私房蔬菜 失败的房间

为这本书而栽培的蔬菜，每一个最终都能拍出美丽的图片，但并非都能完美地收获。

为了作参考，我也列举了失败的蔬菜栽培案例，其实如果改变一下环境、培育时期、种苗以及土壤，也可能会顺利栽培成功。我希望大家不要认为这些蔬菜是不适合室内栽培的，而要等到自己熟练掌握栽培技术之后再进行挑战。

A 小萝卜 笔者是春天播种的，摄影师分别拍摄了春天播种和秋天播种的两种，每一种根部都细长纤弱，没有丰满起来。小白萝卜也是一样。

B 三寸胡萝卜 叶子长得非常茂盛，但根部没有长大。

C 茄子 开出了漂亮的花，也结了果，但每一株只有一个小茄子。而且，没有继续长大。

D 扁豆 花朵太可怜了！不过，叶子生病了，只长出细细的两根。摩洛哥扁豆也是同样的情况。

E 毛豆 茎细长纤弱，没有长出饱满的果实。

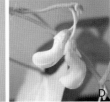

F 西兰花 发芽时和生长期都出现了斑点，没有长得像萝卜芽那么有力量。在摄影师的家中，最初使用厨房纸巾作为培养基，完全失败。

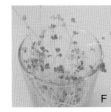  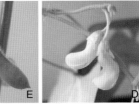

第二部分
在室内栽培
蔬菜的要点

基础知识和准备篇

在室内的什么地方栽培好

有些人一想到"种蔬菜吧"就去了种苗市场，到了那里一时兴起，忽然发现"啊，这个不错，我想种这个"，便草率地买回了种苗。但是，请等一下，你的房间里真的有适合栽种这种蔬菜的空间吗？

光照好吗？通风好吗？温度和湿度是多少？只有明确了这些因素，确定了合适的栽培空间，之后选择适合在这种环境下栽培的蔬菜，成功率才会提高。

温度

冬季转移到温暖的地方、夏季想办法降温

在室外栽培蔬菜的时候，如果气温低，发芽率就会下降，生长缓慢甚至停滞。而在室内栽培，冬天有暖气，不会像室外温度那么低，多数情况下可以比种子包装袋上写明的生长期栽培得更持久一些。嫩叶菜和抱子甘蓝等，如能尽量放置在温暖的地方，便可以四季生长。

问题是房间温度过高的夏季，土壤中的水分会因为室内的高温而完全蒸发，或者植物因暴晒过度而晒伤，叶子不再水灵灵的。

虽说是栽培蔬菜，也不能窗户大开就走人。夏天出门前，可以将其移至光照不太强的地方。

在家时，如果感觉很热，可以将花盆移至开空调的房间，帮助植物消暑。

向阳

喜光的果类蔬菜和
光照时间少也 OK 的叶类蔬菜

在一个还是几个房间栽培，窗户朝向哪边，栽培环境对蔬菜生长的影响有很大的差异。一般来说，窗边是否具备空间放置花盆让其接受阳光，无疑是最为关键的。窗户最理想的朝向是南边，不过朝东或朝西也可以很好地栽培蔬菜。

如果有飘窗当然最好，但会长得比较高的小西红柿和黄瓜等，适合放在落地窗内侧的地板上。走廊和台阶的窗边虽然比较狭窄，只要有放置小花盆的地方就可以栽培嫩叶菜或香草。

在狭窄的窗边，只有上午可以很好地接受日晒。但嫩叶菜依旧精神抖擞。

小西红柿、黄瓜和青椒等果类蔬菜，每天至少需要日晒4 小时才能收获。从种苗开始培育的凉拌类蔬菜或香草，以及从种子开始培育的嫩叶菜和小松菜等叶类蔬菜，即便不能确保每天4 小时的日晒也可以收获。

此外，也有像三叶草一样不喜光的植物。

将果类蔬菜放在朝南采光好的地方，将叶类蔬菜和香草放在东西向的房间都可以很好地生长。

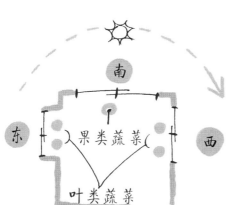

通风决定根茎的粗细，
可以充分利用电风扇

　　在室内和在室外栽培蔬菜最根本的差异在于通风。南北通透的房间通风最好。但一居室的公寓很难有这样的格局设计。所以在家时，尽可能将所有窗子都打开，进行充分的通风。

　　据出售本地种子、种苗以及培养土的经销商中村训先生说，在通风差的地方生长的蔬菜根茎细长纤弱，不会长得结实粗大。

　　如果是通风条件实在不佳的格局，为了植物能够茁壮生长，可以依靠电风扇。每天吹上两小时，效果会大为不同。只不过，使用这种方法有些人会发牢骚说"电费太贵了""不够节能"，所以可以在自己吹风扇的时候，将花盆移过来，让植物也跟着一起享受凉风。

好凉爽！

湿度

查询原产地，了解植物喜干还是喜湿

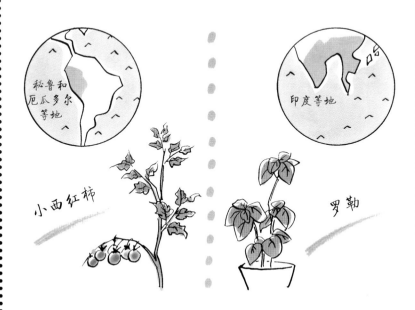

秘鲁和厄瓜多尔等地

印度等地

小西红柿

罗勒

　　小西红柿的原产地雨量很少，喜欢偏干燥的环境。因此，与在湿度高的室内培育相比，在湿度低的室内培育，味道更加浓郁，甜度更高。这也是和多湿的夏季相比，寒冷干燥的冬季里果实更加甜美的原因。

　　还有，像罗勒一样原产地高温多湿的植物，如果放在相同的环境中，就会迅速生长，枝叶繁茂。

　　如此，只要研究一下每种植物原产地的气候、水土，马上就可以明白其最适合的湿度。可以说，与原产地的条件越接近，就越适合那种植物生长。

　　此外，需水量少的抱子甘蓝，如果在过于干燥的地方栽培，水分很快就会被吸干，栽培容易失败。

　　通常一楼比二楼潮湿，可以根据这个特点，决定栽种什么样的蔬菜。

需要什么样的工具

在室内栽培蔬菜的优点是，不需要像在室外栽培蔬菜时那样使用大型的工具。但还是需要一些琐碎的小工具。除虫用的毛笔、竹签、镊子等室内蔬菜专用的工具也需要准备。

工具

为了使每天的照料变得轻松，工具也要选择中意的设计

喷壶和喷雾器之类，要放在作物的旁边，所以如果选购有设计感的产品，可以成为室内装饰的一部分，每天浇水时会感觉非常愉快。

根据所要栽培的植物，需要的工具也有所不同，可以在决定好要栽培的作物之后，再去配齐必要的工具。具体工具的介绍，请参照 P74 ~ 91 的"开始栽培篇"，这样开始栽培时就不会措手不及了。

建议备齐的工具

花盆 托盘

　　根据需要栽培的作物的大小以及放置花盆的空间的大小来选择。托盘根据花盆的大小来选择。最重要的是，花盆和托盘都要和周围的装饰相配（详细说明请参照 P58 ）。

盆底防护网

　　装土之前，要将盆底堵住。这样既可以防止土壤流失，也能起到防止害虫爬入的作用。

装土

　　往花盆中装土时，由于土壤不易漏出，比起使用土铲，推荐使用培土器。通常大、中、小号成套出售，小培土器适合在花盆中土壤变少的时候进行加土。

塑料勺

　　在小花盆中播种或者盖土时，使用勺子很方便。也用于拢土或加土。

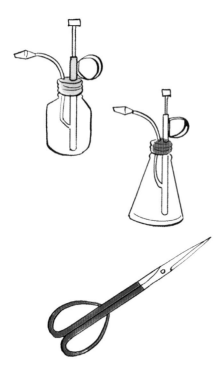

喷雾器

控制浇水量，可以有效防止虫病，所以喷雾器比喷壶更好。连续喷几次，就可以补充足够的水分。栽培抱子甘蓝时，也是如此浇水。

剪刀

请选择购买包装上写有适合蔬菜收割的剪刀。栽培叶类蔬菜时，用于剪掉拥挤的叶片，所以刀尖细小的剪刀更便于操作。

接下来就要开始啦！

支架 绳子

　　栽培小西红柿、青椒、黄瓜等会长得比较高的蔬菜或有藤蔓的作物，以及果类蔬菜时使用。根据作物的高度，决定购买支架的长度。请事先参照 P16 ～ 23 的说明。反之，要根据放置空间的高矮来决定支架的长度，在摘掉顶芽抑制生长或在室内栽培蔬菜的时候或许会需要。绳子的作用是将作物固定在支架上。也可以使用有合成树脂涂层的金属丝。

毛笔 镊子

　　用于拨掉或夹取害虫。镊子可以用于给小叶子间苗，使用后要清洗干净。

竹签

　　用小花盆栽培作物的时候，进行一些细小作业会很方便。比如拢土、间苗、去除干枯的叶子等。

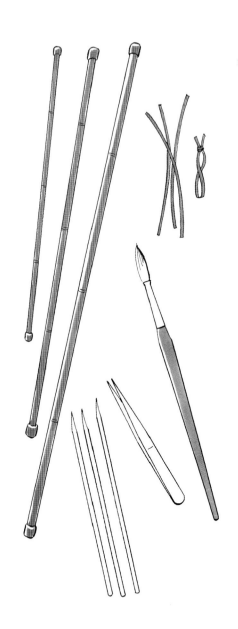

什么样的容器（栽培容器）好

花盆和栽培箱也叫做容器。放置在房间内时，通常都使用花盆。而栽培箱放置在宽敞的飘窗上或光照好的地板上，这样可以让习性相似的蔬菜共同生长。

容器的大小和形状通常根据栽培蔬菜的生长情况来决定，也要考虑栽培空间的大小，不要影响到日常生活（经常走人的地方如果放置大花盆会很危险）。

果类蔬菜用深盆、叶类蔬菜用浅盆

花盆的大小用号码来表示。这个号码代表花盆最鼓处的直径。如果是标准形状的花盆，通常指的是盆口的直径。1 号代表 3 厘米，其余按照倍数相乘，3 号为 9 厘米，4 号为 12 厘米。直径越大，花盆也相应越深，也有大直径的浅花盆。

基本的选择方法是根据蔬菜根部的伸展情况决定。长得高的蔬菜，根伸展的范围大，矮蔬菜则不会太过伸展。

果类蔬菜，栽培期长，上面变大的根部会充分伸展，所以需要深花盆。青椒和辣椒需要 5 号以上的花盆，小西红柿和黄瓜需要 9 号以上的花盆会比较保险。

叶类蔬菜、香草和凉拌类蔬菜，不需要太深的花盆，4 号盆就足够了。用直径大的浅盆或在栽培箱中栽种的时候，应使用深 10 厘米以上的容器。

用底面给水法栽种嫩叶菜时，使用 3 号盆，同时要准备相应大小的玻璃杯。因为如果是大花盆，水很难被吸收上来，所以要注意。

材质

塑料制品轻便、
瓦盆更具自然感觉等

当栽培者除了考虑功能性外也考虑装饰性的时候，会对所使用容器的材质有所选择。如果崇尚自然，想必会喜欢瓦盆、赤陶盆或木盆。如果在网店发现了欧洲产的精美陶盆也会格外惊喜。

瓦盆或陶盆与塑料材质的盆相比价格较高，但也有人在花鸟鱼市场淘到了物美价廉的产品。购买这类物品也是蔬菜栽培的一大乐趣。

塑料材质的优势是轻便、便宜。即便被土弄脏了，擦拭一下马上就干净了，看起来很整洁。最近出现了许多精美多彩的时髦花盆，竟然看不出是塑料制品！

托盘需要搭配花盆来准备。利用一般的浇水方式来栽培时，如果托盘太浅，水和土壤会从花盆底部溢出，所以要有一定的深度。不过，从事苹果自然栽培的木村秋则先生提倡少浇水，如果采用他的方法，就不需要那么在意托盘的选择了。

方便使用自动给水装置浇水的栽培箱

如果在放置于土壤下方的水箱中事先装好水，作物就可以通过给水垫自动吸收所需的水分，即便5~20天不浇水也没问题！

由于土壤和水分不会流出，也不会污染房间。"种着高兴，养着高兴，吃着高兴"，栽培箱可以马上实现你这个愿望！

需要准备哪些土壤和肥料

市面上有可以直接用于蔬菜栽培的袋装培养土出售，但毕竟收获的蔬菜是要入口的，和养花以及培育观叶植物不同，所以希望大家要慎重想好使用怎样的土壤之后再购买。

肥料也是一样，要把安全性放在第一位。

土壤

黑土：赤玉土 3 ：1 的自然栽培法 在土壤表面放置枯叶

首先介绍最简单的方法。这是从因栽培了"奇迹苹果"而闻名的青森县苹果农户木村秋则先生那里学到的。木村确立了无农药、无化肥的自然栽培法，不仅用于苹果栽培，也用于大米和蔬菜的培育，并积极开展普及和指导活动。

通常为了茎叶更好地生长会施加氮肥，但木村先生提倡通过在同一个花盆中栽种大豆，吸收空气中的氮作为营养素补给作物的方法。这是因为与豆科植物共生的根瘤菌，能够吸收空气中的氮，提供给寄生植物（大豆要距离种苗 15 厘米左右栽培）。

木村先生介绍："土壤中原本含有一定量的有机物，而土壤中的菌类会将其分解，于是产生了供植物吸收的氮化合物。使用肥料容易生虫子，也容易生病害。"

木村先生的实验证明了作物在光照好的窗边不用施肥也可以顺利生

长。这里一个重要因素是土壤中有了氧气。土壤中的需氧菌进行有氧呼吸，分解有机物，使作物容易吸收，所以只要营造适合这类细菌发挥作用的环境即可。

如果是在水田和旱田中，由于耕土的范围大、力度大，土壤中会进入氧气，但盆栽时，由于在黑土中混入了赤玉土，土壤空隙中也会进入氧气。黑土和赤玉土的比例是3：1。

黑土富含有机物，保水力强但通气不好，加入了大颗粒的赤玉土就变得刚刚好。

在土壤表面放置充分干枯的叶子，可以营造出类似森林的环境。因为盆栽土量少，容易干燥，而枯叶可以有效防止水分蒸发。

选好培养土
培育安全美味的蔬菜

很多人会认为："把袋装的培养土倒入花盆中就可以栽种蔬菜，这也太简单了。"而蔬菜用的培养土多含有肥料，分为化学肥料土和有机肥料土。使用前者，作物生长快，但味道不如后者。这就存在非天然物质通过蔬菜进入我们口中的风险。

那么使用有机土栽培就安全吗？加入了成熟的堆肥、使用家畜粪尿的时候，家畜的饲料是否安全等很多细节需要注意。每个人关注的方面不同，所以请向制造商确认，仔细判断之后选择使用自己充分认可的土壤。

土壤专家中村训先生推荐使用以杂木、树枝、叶子和草作为原料，借助微生物的力量，长期发酵而成的"畑怀土"。这是一种团粒构造，或者说形状为小土块的土，排水性、保湿性和通气性都非常好，作物的根容易伸展，可以说是最适合蔬菜栽培的土壤。如果使用培养土，或许准备这种土壤最为理想。

肥料

使用肥料时注意
过度使用熟透的堆肥有害健康

肥料分为化学肥料和有机肥料，有机肥料又叫做堆肥。化学肥料是将无机材料经过化学处理合成的，会使作物快速生长。但是，在培养土的介绍中也提到过，使用化学肥料，蔬菜的味道会有所下降，而且化学合成物质也会通过蔬菜进入人体，并且土壤会因此贫瘠，不能再次种植作物，处理掉很可惜。

与之相对，有机肥料是以家畜粪尿等动物性物质和米糠油渣等植物性物质为原料制成的。前面出现过的木村秋则先生认为："如果你是饲养家畜的农户，必须要处理粪尿时，可以选择发酵了几年、完全熟透的肥料使用。如果不是这样，就没有必要特意去制作，也无须购买。"

无论是化学肥料还是有机肥料，使用时都应注意不要过量。否则，硝酸氮会滞留在蔬菜中。过多的硝酸氮会导致人体血液缺氧，在美国，曾经发生过食用硝酸氮残留浓度过高的菠菜泥后，造成 20 余名婴儿死亡的案例（由于脸色变青后不到 30 分钟就会死亡，而被称做"蓝色婴儿病"）。

肥料

如果不具备专业知识就使用化学肥料或有机肥料，需要格外注意。笔者认为，本来在室内栽培的蔬菜就不多，可以不用勉强施肥。

如果想让土壤更加肥沃，可以使用将竹子研磨后制成的竹粉（详见 P65）来改良土壤。竹粉通过乳酸菌的发酵可以给土壤增加营养元素，促进微生物的繁殖，由此活化土壤，植物的根部会更好地伸展，结出的果实也更饱满，蔬菜的甜度也会增加。

使用完毕的土
清除掉作物的根，进行日晒

收获之后使用完毕的土壤会减少养分，繁殖出导致病害的杂菌。所以不要在下次栽培时使用，最好放入新土。可是，这些不能用的土越积越多，会让人感到头疼，所以动动脑筋，能再利用的就充分利用。这需要花费一点儿工夫精心处理。

收获之后，要拔掉蔬菜的种苗，如果按照木村秋则建议的方式和大豆一起栽培，大豆的根部会残留在土壤中。因为根部的根瘤菌收获结束之后会凝固空气中的氮。

这一功能等到气温下降后就会停止，所以到了冬季，就可以从花盆土中取出根部。此时，残留的其他根茎也能清理干净。如果土壤中残留的作物根腐烂，抑制需氧菌活动的厌氧菌就会增加，一定要注意。

在下次使用之前，可以在清除了根部的土壤表面铺上干枯的叶子或将干枯的种苗切下一部分，让土壤休息一段时间。

等到再次使用的时候，先将枯叶除去，然后摊放到塑料布上，让阳光直射半天至一天的时间。

大豆的根

枯叶 或 枯苗

拔掉根后的土壤

此时，注意不要弄碎土块。土壤干燥之后，将盆底的防护网和底石一起装入盆中，装土的顺序是先从粗土开始，最后装入细土。

如果使用培养土，不和大豆一起栽培，可以先过筛去掉根部，然后加入一点儿水搅拌，完全湿润之后装入黑色塑料袋密封。在可以直接照射到太阳光的地方放置 10 ~ 20 天，消毒杀菌。

普通的栽培箱种植，可以在土壤中拌入土壤改良剂和肥料，来补充损失掉的营养，下次种植新的作物时，可以尝试和大豆一起栽培。想要给土壤补充养分，请参照介绍肥料的部分。

以杂木的枝叶和杂草为原料可以带来年年丰收的培养土

畑怀土 畑（左图）是让任何人都可以轻松培育出茁壮健康的蔬菜和花朵的土壤。因为保水性好，夏天浇水也很轻松。土壤的材料是杂木的枝叶和杂草，还有丰富的矿物质。在收获后的土壤中，加入"畑怀土 怀（右图）"，以后每年都可以作为熟土使用。

利用乳酸菌改良土壤的竹粉

用粉碎机将竹子打成粉状密封，竹粉中会自然繁殖乳酸菌。借助乳酸菌的力量，蔬菜会生长得更好，增加甜味。翻土，根据土壤多少混合 3% 的竹粉，融合 2~3 周之后，进行播种、定植。如果没有时间，也可以在土壤表面施肥，但是要和种子或种苗保持一定的距离。

选择什么样的种子

没有种子就不能开始栽培！所以，首先要去买种子，去种苗店会发现各种各样的种子—应俱全、琳琅满目。或者去卖种苗的网店逛逛，也会发现能够轻松买到所有的种子。

那么是不是只要选购想要播种的种子就可以了呢？请等一下！关于种子，稍微研究一下再买也不迟。

选择种子的方法

推荐使用可以让蔬菜味美质柔的纯种和本地品种

在全国超市中摆放的大同小异的蔬菜都是从"F1"或"杂交品种"培育出来的。所谓F1，就是"Filial 1"的缩写，意思是"第一代"。通过杂交充分发挥子种比母种更加优秀的特质，将不同品种嫁接培育出的杂交子一代种子。在种子的包装袋上会写明"F1""一代交配""一代交配种"等。

用经过改良的适合批量种植的F1种子栽培蔬菜，产量多、外形均一、生长迅速。但是，从F1收获的蔬菜中提取种子继续栽培，却不能收获相同的蔬菜。也就是说，这种种子的优势仅限于第一代。

如果提取种子进行栽培可以长成和母种同样品质的蔬菜，就叫做纯种。这是经过几代反复淘汰，遗传信息被固定的产物。

F1种子适合农户有计划地收获作物、集中上市，与纯种蔬菜相比味道差一些，特点是比较硬。在家庭菜园中，如果蔬菜大小不均反而能够长期收获。因为普遍希望栽培出味道好且柔软的蔬菜，所以最近纯种的拥护者增多了。

　　此外，在纯种中，还有一类叫做本地品种。这是各地农户自家取种代代栽培出来的当地固有品种，适合当地的气候和水土。从生产出来的蔬菜中，能够感受到一种强烈的乡土气息，可以说是适合国人体质的种子，也是具有全国各地饮食文化特色的种子。

　　在室内栽培蔬菜时，即便长得慢一些，也还是希望能够柔软美味，所以推荐使用纯种和本地品种。选好种子之后，就可以享受栽培的乐趣了。

安全
的种子

在包装袋上写明
种子是否经过消毒

种子是否经过消毒也是让人牵挂的问题。如果是经过消毒的种子，有必要在包装袋上标明农药的成分和使用的次数，所以可以立即确认。如果没有经过消毒，有时会标明"未经药剂处理""未消毒种子"或"该种子没有使用农药"，什么也不写的也是未经消毒的种子。

只是抱子甘蓝专用的种子都没有经过消毒。

另外还有从有机蔬菜中提取的种子或无农药、无肥料自然栽培的种子，可以选择符合你要求的蔬菜进行室内栽培。

种子的
保存方法

剩余的种子装入密闭容器
放入冰箱冷藏保存

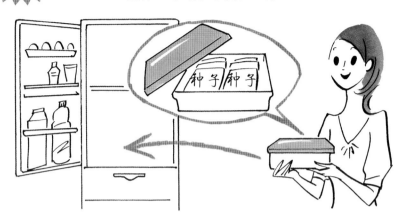

在窗边的小花盆中种植蔬菜时，种子袋里最终会剩下很多种子。幸运的是，在室内一年四季都可以栽培蔬菜，所以可以连续使用好几次，但有时种子还有富余。

包装袋上会标明有效期，通常记载"从检查发芽率的月份起1年内有效"，那么，必须在这个时间之前使用，过期就要将种子处理掉吗？其实不是，这个期限是保证发芽率的期限，过期播种也还是会发芽。

经销商中村训先生介绍，不同的蔬菜种子使用期会有差别。只要妥善保存，使用3～4年没问题。西红柿的种子保存期尤其长，与之相比略短的是萝卜、芜菁和青菜类，而这其中又属油菜类的种子保存期最长。

如果种子的保存方法不当，发芽率会降低，所以要特别注意。通常采取"低温低湿"保存。保存在冰箱里最好。购买之后可以直接放入冰箱，也可以装入瓶子、密闭容器或罐子中保存，加入干燥剂（干菜等），盖上盖子密封，放入冷藏室。如果怕占地方，可以使用带拉链的塑料食品保鲜袋，能够节省空间。

选择什么样的种苗

认为"播种栽培对我来说难度太高了"或因为"在这样的房间环境中，真的能发芽吗？"而感到不安的人，我推荐你购买种苗进行栽培。

和种子一样，种苗也是种类繁多。只要掌握了选择种苗的注意事项，就能买到健康的种苗开始栽培啦。

选择种苗
的方法

看清种苗的优劣，
选择易于栽培的种苗

结实健康的种苗能够顺利生长，也会有照看的价值，不够好的种苗，生长缓慢，容易生病害，即便浇水也可能中途枯萎，酿成严重的后果。

购买蔬菜种苗的时候，请注意以下几点。

1. 根茎粗壮不弯曲。

2. 叶子颜色好，叶片肥厚，伸展挺拔。

3. 叶子没有腐烂变黄的地方。

4. 叶子间距紧凑。

5. 最下端有子叶。（这是种苗新鲜的象征）

6. 根部没有根瘤。（这是根部牢固的象征）

7. 小西红柿等果类蔬菜，有花苞或花朵。

8. 花苞大且饱满。

9. 茎叶部分的绒毛长而密。

　　不过，也有人在选择果类蔬菜的种苗时，有意挑选茎细、叶子颜色浅的。因为茎粗、叶子颜色深的种苗含氮量高，这样虽然叶子会长得好，但结出来的果实并不好。

　　根据栽培环境和土质的不同，最好的种苗也可能收获不同质量的蔬菜。所以我的经验是，最好两种方法都尝试一下。

　　而且，既然好不容易在室内进行无农药栽培，最好能够购买无农药种苗。

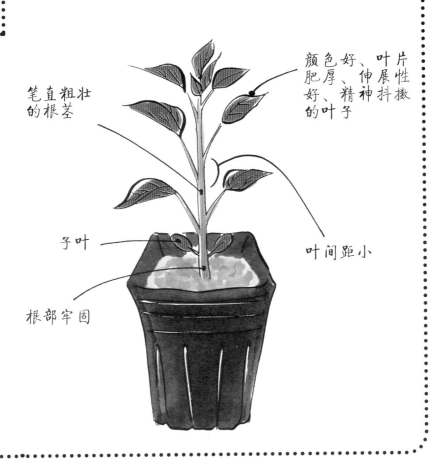

笔直粗壮
的根茎

颜色好、叶片
肥厚、伸展性
好、精神抖擞
的叶子

子叶

叶间距小

根部牢固

什么时候播种

"在房间内也能栽培蔬菜啊，太好啦，我要试试看！"如果你有如此高的热情，或许会马上准备花盆和土壤，进行播种。当然，"一年四季任何时候都可以开始栽培"是室内蔬菜的最大卖点，但如果你听到"选对播种期，可以生长得更好"会怎么办呢？

播种期

抑制急躁心情
在最佳播种期播种

在旱田和露台等室外种植蔬菜时，如果不按照种子包装袋上标明的"播种期"进行播种，你会发现种子不会发芽，也不会生长。

但是，在室内受外界温度的影响小，所以如果是适合室内栽培的蔬菜，几乎一年四季都可以栽培。隆冬的晴天，即便室外冷风肆虐，在室内的向阳处，小花盆中的蔬菜还是可以茁壮生长。

所以，播种期也不限于"春播"和"秋播"，夏季和冬季也完全可以。

春天播种，可以顺利发芽，茎叶也长得比较好。可是，因为太阳很高，室内能够接受日晒的空间很少，所以很难确保光照。而且，到了5月气温上升之后，有的蔬菜会开始生虫害，这也是个难题。

夏季播种，也可以顺利发芽，而且生长速度比春季更快。除了也有和春播相同的虫害问题，根据不同温度，还要注意防止土壤水分的蒸发。

秋季播种，发芽顺利，而且因为太阳低，阳光可以进到屋子中央，蔬菜能够沐浴充足的阳光。即使气温下降，也没有虫害的困扰。

冬季播种，发芽晚、生长慢，但阳光可以照到屋子深处，是非常适合蔬菜生长的环境。最主要的还是没有虫害的担忧。

叶类蔬菜最好在满月日的
三天前播种

　　因著作《从胡萝卜到宇宙》而被大家熟知的日本大分县经营循环耕作法农场的赤峰胜人，按照卢道夫·斯泰纳提倡的生物动力学耕作法中"叶类蔬菜在满月日的三天前播种，根类蔬菜在满月日当天播种生长迅速"的理论，进行了实际栽培，验证了其说法的正确性。

　　选择最佳播种期在田间播种，三天就会发芽，也就是在满月日当天发芽。赤峰先生用阴阳论解释了该现象，阴历满月日特别是阳历满月日发出的芽在满月的月光（属阳）照射下会生长得更好。

　　而且，根类蔬菜从播种到发芽需要两周时间，开始发芽时已经是新月。此时月亮在地球的背面，通过月球的引力根部能更好地伸展。

　　有的农户证明，用这种方法播种病虫害变少了。

　　在本书中，叶类蔬菜的播种也是在 4 月的满月日前三天进行的，而且刚好在第三天的满月日，十几个花盆中的种子一起发芽了，真让人感动！

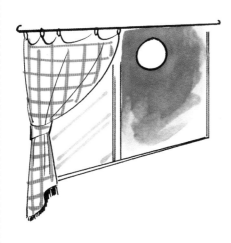

马上就
到满月
日啦！

开始栽培篇

种苗的基本栽培法

找到了漂亮的花盆，也买好了土壤和种苗，接下来就是往花盆中移苗，马上可以在自己的房间内开始栽培蔬菜了。在进行种植之前，希望了解种苗的种植方法也有优劣之分。

种植

拔苗的时候不要伤到根部，将根下方掰开后种植

在花盆中装土，从栽培盆中取出种苗，放入花盆中。盖上土，浇好水即可。多简单啊！但是，如果考虑得更加细致一些，蔬菜可以生长得更有活力。

从栽培盆中拔苗的时候不要伤到根部，将下面的根用手掰开，注意不要种得太深，还有许多需要留意的要点。

如果动作快，种植种苗 5 分钟就可以搞定。可是毕竟是有缘来到自己家的，要倾注感情，以温柔之心对待，精心细致地栽培才对。

特别要提醒的是，种植之后要浇水。通常浇足水的标准是水从盆底流出，这样根部更容易伸展。木村秋则先生认为："如果用刚刚好的水分来培育，根部会十分发达。"也就是用喷雾器将土壤表面润湿即可。

需要准备的东西

① 黑土

② 赤玉土（黑土和赤玉土的比例是 3 ： 1，也可以使用蔬菜专用的培养土）

③ 底石

④ 喷雾器

⑤ 落叶

⑥ 防护网

⑦ 花盆 (大小请参照 P58)

⑧ 蔬菜种苗

⑨ 支架用金属线 (或绳子)

⑩ 支架 (支架、金属线和绳子仅限于栽培果类蔬菜需要支架时使用)

种苗的种植顺序

1厘米

1 在花盆中准备土壤

　　在花盆中放入防护网，将底石排成一列，上面装入黑土和赤玉土的混合土或培养土，挖好一个坑，准备栽入种苗。坑的深度，比种苗的土块高度深1厘米。

2 持苗

　　单手拿栽培盆，用另一只手的食指和中指夹住种苗，手心盖住土。

3 将种苗从栽培盆中拔出

　　将种苗倒立，轻轻转动栽培盆取出种苗。

4 用手指分开根部

　　将两手的拇指压住根底部的中央，向两侧分开。因为底部的根会卷在一起，分开后埋在土中根部易于生长。

5 将种苗埋在花盆中

　　将种苗轻轻放置在准备好的土坑中。苗土比盆中的土低1厘米左右即可。种得过深容易生病害，过浅容易干燥，所以要注意。

6 盖土

　　在种苗的周围装入土（黑土和赤玉土的混合土或培养土），在苗土上面盖上1厘米左右的浮土，将花盆中的土壤整理平整。

7 浇水

　　用喷雾器将土壤表面润湿。

种子的基本播种法

"还是想从播种开始！"
这种意识非常重要。昨天还
平整的土壤，突然就冒出了
小小的嫩芽，就好像是发生
在密室中的小奇闻。那种美
好的感觉没有理由不去体验。

在室内栽培蔬菜与在旱
田和巨大的栽培箱中播种不
同，不需要太费神，所以初
学者也可以轻松挑战。

播种

室内栽培蔬菜多为散播，土壤要盖得薄一些

如果是在旱田或巨大的栽培箱中播种，会在土壤中画一条直线，沿
着这条土沟进行带状播种，叫做"条播"，而在一个地方播种 2 ~ 3 粒或
数粒种子，叫做"点播"，在整个土壤表面都撒上种子叫做"散播"，这
是三种播种方法。

在室内的花盆中播种，基本上采用散播。叶类蔬菜或凉拌类蔬菜通
常不会在苗与苗之间留空隙，而是密集栽培。绿紫苏、罗勒和迷迭香等
茎部粗大的香菜类蔬菜最好使用点播。

如果土盖得太厚，要很长时间才可以发芽，所以要盖得薄一些。浇
水时，和种植种苗时一样，只要润湿土壤表面即可。

需要准备的东西

① 黑土

② 赤玉土（黑土和赤玉土的比例是 3 ： 1，也可以使用蔬菜专用的培养土）

③ 底石

④ 喷雾器

⑤ 落叶

⑥ 花盆 (大小请参照 P58)

⑦ 蔬菜种子

⑧ 防护网

散播的顺序

将表面弄平整

1 在花盆中准备土壤

在花盆中放入防护网，将底石排成一列，上面装入黑土和赤玉土的混合土或培养土，装至花盆的八成深即可，将土壤表面弄平整。

2 点播

在土壤表面，均匀地播撒种子。

3 盖土

盖上薄薄一层土。如果盖得太多，发芽会需要很长时间，能埋上种子即可。

4 浇水

用喷雾器将土壤表面微微润湿即可。

5 盖上报纸

如果土壤干燥就不会发芽，所以发芽之前要盖上报纸，防止水分蒸发。

点播的顺序

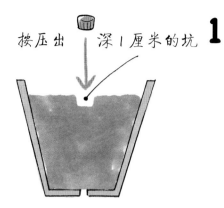

按压出 深1厘米的坑

1 挖播种坑

参照散播步骤1准备好土壤，考虑好栽培时要拉开的间距挖出几个种坑。可以将塑料瓶盖放在土上轻轻按压出深1厘米左右的坑。

2 播种

在种坑中撒入2～3粒种子，注意要拉开距离，不要重叠。

3 盖土浇水

用手指将种坑周围的土薄薄地盖在种子上。之后参照散播的步骤4和5操作。

底面给水栽培的基本方法

这是前面提到的经销商中村训先生推荐的方法,叫做"底面给水栽培"。用无纺布(将纤维通过物理方法黏合,不需要编织)吸收放置在花盆下方的玻璃杯中的水,为土壤补充水分代替浇水。

在此之前养什么植物都会枯萎的长败将军这次也不用担心了。对于经常出差或喜欢旅行的人来说,这就是"救世主现身"。

我出去一下哦!

底面给水

将无纺布埋在土中,从下面吸收水分

这么容易就可以栽培嫩叶菜,太让人意外了!几天不浇水,叶子照样水灵灵地迅速长大。当玻璃杯中的水被吸干后加水即可。

关键要素就是无纺布。将其放入花盆中,从花盆底部的圆孔中拉出来,加入土后,通过无纺布,水会被吸收传递给土壤。所以从一开始就不需要浇水。

只是,如果使用大花盆,水不足以充分润湿土壤,不能顺利给水。3号盆是最为合适的尺寸。如果准备其他容器,其尺寸标准为:将容器坐入下方的玻璃杯时,容器底部和玻璃杯底之间保持几厘米的距离。

需要准备的东西

① 玻璃杯

② 3 号花盆

③ 无纺布 (在本书中使用的是排水口专用过滤网)

④ 培养土 (或黑土和赤玉土 3 ∶ 1 的混合土)

⑤ 土铲

⑥ 蔬菜种子

能够轻松进行底面给水的花盆

这是底面给水专用的花盆。在两层花盆中铺了无纺布，所以从洞中加水后，土壤能够自然地吸收水分。即便忘记浇水也没关系！这是一款绝对能助你成功的优质产品！

底面给水的播种顺序

无纺布

水

1 铺入无纺布

在花盆底部铺入无纺布，用笔将布插入花盆底部的圆孔中，从孔外将布拉出来。

2 装土

将培养土或黑土和赤玉土的混合土（尽可能是上一年由大豆根瘤菌固定了氮素的土壤）装入花盆，至八分满。

3 将花盆坐在玻璃杯上

在玻璃杯中倒入 3 厘米高的水，上面坐上花盆。

4 播种

将种子均匀地播撒在土壤表面。要完全散开，不能重叠。

5 盖土

用塑料勺等盖上薄薄一层土，没过种子即可。无须浇水。

6 盖上报纸

因为土壤一干燥就不会发芽，所以发芽之前要盖上报纸，防止水分蒸发。

7 完全吸干水分

玻璃杯中的水会溶解上面土壤中的营养，所以不要中途倒掉，要让土壤完全吸收水分。

8 向玻璃杯中加水

将水注入玻璃杯，上面坐上花盆。

栽培抱子甘蓝的基本方法

在室内栽培的蔬菜中，最容易适应环境的就是抱子甘蓝（新芽蔬菜）。它具备了很多魅力要素，比如一年四季都可以种植而且不用准备花盆和土壤，栽培期短，7~10 天就可以收获等。

只是必须要认真换水，所以或许不适合工作繁忙的人和怕麻烦没耐心的人。

一周已经长出来啦！

必须每天换水，嫩芽系列要日晒两天

抱子甘蓝

抱子甘蓝分为嫩芽系列和豆芽系列，都是喜欢在暗处生长，前者收获之前接受日晒就可以变绿，后者不需要日晒。

嫩芽系列可以在容器底部铺上棉纱，将其润湿后播种。需要注意的是不要太过密集地放种子。无间隙播种的话，之后根茎会呈现密密麻麻的拥挤状态。

但是如果是豆芽系列，因为成长之后会增大 10 倍左右的量，所以要注意容器的大小和种子的数量。

优质生长的秘诀是嫩芽系列要每天浇水，倒掉多余的水分。而豆芽系列要每天水洗。一旦懈怠，就会生斑、枯萎，甚至腐烂。

为了防止这些现象的发生，要格外精心地照料。其实眼看着蔬菜一天天生长，辛苦也值得了。

需要准备的东西（嫩芽系列抱子甘蓝）

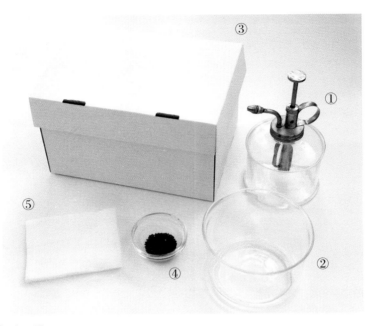

① 喷雾器

② 玻璃容器

③ 盒子（无须密闭）

④ 抱子甘蓝专用的种子

⑤ 棉纱（脱脂棉）

★ 豆芽系列的抱子甘蓝，除上述用品外还要准备纱布和橡皮圈。

最适合作为抱子甘蓝培养基的有机棉

通常使用厨房纸巾、面巾纸或海绵作为抱子甘蓝的培养基，以便其伸展根部、吸收水分。但棉纱似乎是最好的材料。棉纱是以有机栽培的棉花为原料，在制作过程中也没有添加特别的药品，所以可以放心使用。

嫩芽系列抱子甘蓝的栽培顺序

1 铺垫棉纱

将棉纱根据玻璃容器底部的尺寸剪成合适的大小，铺垫在容器底部。

2 润湿棉纱

用喷雾器润湿棉纱，让其充分吸水。用手指按一下出水即可。

3 播撒抱子甘蓝的种子

将抱子甘蓝的种子全面播撒在棉纱上。注意在底部排成一列，不要重叠。

4 浇水

用喷雾器从种子上面浇水，浸泡过种子即可。

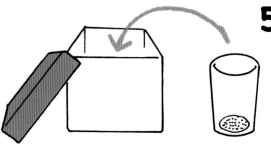

5 装入盒子

装入带盖的盒子内，罩上纸袋避光，如此放置两天（不用浇水）。

6 每天浇水

从第三天开始用喷雾器每天浇水，防止种子干燥。

7 换水

三天左右会生根，此时每天浇水一次，水要没过种子，倒掉多余的水。

8 光照

茎长到 10 厘米之后，从盒子中取出，接受光照。

9 收获

阳光照射两天后叶子已经变绿，可以根据需要进行收获，烹饪菜肴。

可以同时栽培三种抱子甘蓝的套盘

这是抱子甘蓝栽培用的三层浅盘，可以同时栽培三种抱子甘蓝。由于盘子的网眼很细，因此无须纸巾或棉纱等培养基。

豆芽系列抱子甘蓝的栽培顺序

取出漂浮的种子

1 清洗种子

将种子放入盆中，加水。去除翻滚漂浮上来的种子。

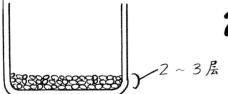

2～3层

2 播种

播撒两三层种子。

水加到种子高度的两倍

3 注水

注入为种子高度两倍的水。

4 盖上纱布

盖上纱布，用橡皮圈将边缘套在容器上。

5 装盒

放入带盖的盒子中，罩上纸袋，不要见光。

6 倒水

第二天，将容器盖着纱布倾倒掉里面的水。

7 水洗

每天从纱布上方加水，摇晃容器清洗种子，之后倒掉水。除了冬天以外，每天水洗两次以上。

8 收获

长到 5 厘米以上收获。因为上面附着种皮，所以要清洗之后用于烹饪。

最适合栽培抱子甘蓝的发芽试验器

这是种苗店用于进行发芽试验的发芽试验器，也适合栽培抱子甘蓝。素烧的播种基很卫生，因为是立式，不用的时候可以作为调料盒，用起来很方便。

茁壮生长篇

浇水的要点

初学者栽培蔬菜最容易犯的错误就是浇水过多。这是没有办法的事。因为太兴奋了，以为浇完水，过一会儿就会长大一些，以"回报我的期待"，于是每天都不停地浇水。

但是，这样一来花盆里面可就遭殃了。细菌繁殖、土壤处于缺氧状态、根部难以吸收氧气，变得脆弱……结果是根部腐烂、招致病虫害，不能够继续生长。土壤的养分也会随水分一起流失，可真不妙。其实应该和育儿一样，不要过多地干预。

土壤表面干燥后
用喷雾器润湿即可

水

使用自然栽培法栽种苹果的木村秋则，不仅不给作物施肥，甚至浇水都是可丁可卯。作物为了争取有限的水分，根部会拼命地生长。所以，浇水少根部会更加结实，长出的蔬菜也更健康，并且不会生虫害。

因为土壤中固有的水分要比我们预想的多，所以平时浇水时，等到土壤表面干燥后用喷雾器润湿即可。特别是西红柿，几乎不用浇水也能生长得很好。

根部充分伸展

如何补充光照

如果是在公寓或居民楼等集中式住宅中栽培蔬菜，通常最多有两个方向能接受阳光。东西朝向的房间很难确保光照时间。正如 P51 "光照" 部分介绍的那样，果类蔬菜最好能够接受 4 小时以上的光照，而叶类蔬菜稍微少一点没关系，如果明显达不到这个要求，就需要另外想办法了。

光

晚上移动花盆
让其接受灯光的照射

为了弥补室内栽培光照时间短的问题，可以购买能够有效促进光合作用的专用照明灯。或许这是最快的方法，但其价格很高。如果坚决认为 "本来是出于兴趣才种菜的，这么多的投资可受不了" 那就算了，如果没有这种顾虑，还是要尽量想办法解决。

植物在白炽灯、荧光灯和 LED 照明下均可以发生光合作用，所以晚上可以将花盆从窗边移到灯光下进行人工授光，然后早上再搬回窗边。

如何防治虫害

房间中如果有虫子可真是讨厌。读了前面的文字你可能已经知道，不施肥、少浇水可以很大程度上防止虫害。叶子过于拥挤、通风差也容易生虫，所以叶类蔬菜要勤疏苗，果类蔬菜的叶子和枝条要尽可能修整。

但是，在土壤完善之前，还是容易出现虫子，那该怎么办呢？为了不生虫子，需要做好哪些预防工作？

利用木醋液、醋和辣椒等天然提取物驱虫

天然农药

进入 5 月，气温上升，会发现原本在室内安静生长的叶类蔬菜和果类蔬菜，会零零星星地附着虫子。此时，可以在叶片下面垫上一张纸，用毛笔将其拨落，也可以用镊子夹走（也有人用胶带粘掉）。

天气更加暖和之后，就会发现蚜虫、粉虱咕噜咕噜地爬来爬去，让人发晕。就连青椒的白色花朵上也挤满了虫子，很可怜。

当你意识到这是浇水过多造成的，已经来不及了，因为其繁殖能力超强。听说可以用水洗对付蚜虫，可是用喷雾器一时冲掉了，两三天后又会出现同样多的蚜虫。

在室内又不想使用杀虫剂，因为毕竟是要入口的蔬菜，一定要注意安全！这时就需要木醋液（将烧煤产生的烟雾冷却之后形成的液体），原本是作为预防虫害而使用的，稍微调配得浓稠一些，喷洒在叶面上即可

青椒花上的蚜虫　　青椒叶子上的粉虱　　嫩叶菜上的蚜虫　　芝麻菜上的蚜虫

除去虫子。

对付蚜虫，推荐将薰衣草煮水，用喷雾器喷洒。也可以将泡过辣椒的烧酒稀释一下喷在叶子上。

如果不想进行这些搏斗，就只能栽种不易生虫子的蔬菜，或者放弃春播改成秋播。

可以代替农药使用的天然提取物

木醋液 预防虫害 / 将其稀释 1000 倍，每三天喷洒一次；驱虫 / 将其稀释 300 倍，喷洒。

薰衣草 驱除蚜虫 / 比香草茶煮得浓一些进行喷洒。

辣椒烧酒 防治虫害 / 在辣椒中加入三倍量的烧酒，常温放置两周（经常摇晃瓶子），稀释之后喷洒。

煮辣椒汁 防治虫害 / 将 5 个辣椒和两升水放入锅中煮开。放凉之后喷洒。

醋 防治虫害 / 将醋稀释 20 倍，喷洒。

北京市版权局著作权合同登记号：01-2012-4539

图书在版编目 (CIP) 数据

房间里的菜园 /（日）吉度日央里著；钱海澎译. - 北京：龙门书局，
2013.2
ISBN 978-7-5088-3767-3

Ⅰ. ①房… Ⅱ. ①吉… ②钱… Ⅲ. ①蔬菜园艺 Ⅳ. ①S63
中国版本图书馆CIP数据核字(2012)第135332号

责任编辑：张　婷　金　金　　营销编辑：牛丽荣
责任校对：仲济云　　　　　　　责任印制：张　倩

龍門書局 出版
北京东黄城根北街16号
邮政编码：100717
www.longmenbooks.com
北京通州皇家印刷厂印刷
科学出版社发行　各地新华书店经销

2013年2月第一版　　　　　开本：A5（889×1194）
2013年2月第一次印刷　　　印张：3
字数：120 000　　　　　　定价：25.00元
（如有印装质量问题，我社负责调换）